Olimpia Dorniok

Ziele des Naturschutzes

GRIN Verlag

Bibliografische Information der Deutschen Nationalbibliothek:

Die Deutsche Bibliothek verzeichnet diese Publikation in der Deutschen Nationalbibliografie; detaillierte bibliografische Daten sind im Internet über http://dnb.d-nb.de/ abrufbar.

Impressum:

Druck und Bindung: Books on Demand GmbH, Norderstedt Germany
ISBN: 978-3-656-46978-0

Dieses Buch bei GRIN:

http://www.grin.com/de/e-book/36663/ziele-des-naturschutzes

UNIVERSITÄT BREMEN
Diplomstudiengang
Geographie

SEMINARARBEIT

Ziele des Naturschutzes

Eingereicht von: Olimpia Podjacki

Seminar: „Naturschutz in Deutschland"

Bremen, den 15.06.2002

Inhaltsverzeichnis

1. Einleitung

Der Naturschutz befasst sich mit dem Ziel die Natur zu schützen. Die Priorität des Umweltschutzes ist es jedoch, den Menschen paradoxerweise vor anthropogen verursachten Belastungen zu schützen. Zu den Zielen des Umweltschutzes zählen u.a. Lärmschutz, Strahlenschutz, Abfallbeseitigung, Gewässerschutz (Trinkwasser), Luftreinhaltung, Schutz abiotischer Ressourcen sowie Schutz von Erholungs- und kulturhistorischen Landschaften (PLACHTER, 1991). Diese Ziele lassen sich jedoch nicht von denen des Naturschutzes trennen, da Emissionen verschiedenster Form (Verschmutzung von Boden, Wasser, Luft) auch die Natur beeinträchtigen. Zwischen Umweltschutz und Naturschutz kommt es auch zu Konflikten, denn was gut für den Menschen ist, ist nicht immer gut für die Natur, beispielsweise fordert der Umweltschutz Deiche zum Schutz vor Überschwemmungen und der Naturschutz fordert Überschwemmungen zur Entwicklung eines natürlichen Auenwald-Ökosystems (REMMERT, 1988).

Bevor man jedoch Ziele für den Naturschutz formulieren kann, muss man sich mit den Ökosystemen auseinander setzen und die Vorgänge verstehen lernen, in diesem Punkt ist noch viel Forschungsarbeit zu leisten (REMMERT, 1988). Außerdem muss ein festes Ziel ins Auge gefasst werden, das dann auch über Jahre verfolgt wird, da ein Ökosystem Zeit braucht, um sein Gleichgewicht zu finden und es nicht ständig durch neue Nutzungen und Belastungen gestört werden kann. Einen Konflikt innerhalb des Naturschutzes bildet die Tatsache, dass man die Natürlichkeit eines Ökosystems schützen will, viele Flächen aber anthropogen verändert wurden. Auf einigen Kulturflächen konnte sich eine artenreiche Organismenwelt entwickeln, die nun auch schützenswert erscheint, obwohl sie nicht die potentiell natürliche Vegetation und Fauna beherbergt (REMMERT, 1988). So muss von Fall zu Fall entschieden werden, was sinnvoller und auch machbar ist. Vorrangig sollten die Flächen unter Schutz gestellt werden, die noch relativ naturnah sind und erst dann kann auf den übrigen Flächen Renaturierung einsetzen. Und nicht so wie das zum Teil jetzt gemacht wird, dass der Naturschutz dort stattfinden darf, wo sich nichts anderes lohnt, also Naturschutz als „Restflächenverwerter“ (PLACHTER, 1991: S. 180).

Allgemeine Ziele des Naturschutzes sind der Schutz von Flora und Fauna (Artenschutz) und ihrer Lebensräume (Biotopschutz) mit den dynamischen Vorgängen sowie der abiotischen Ressourcen, außerdem sollte der Naturschutz auf die gesamte Fläche ausgebreitet werden und nicht so praktiziert werden, dass nur eine geschützte Insel in lebensfeindlicher Umgebung besteht (Flächenschutz, Biotopverbund), das heißt, dass der Mensch in all seinen Lebensbereichen ökologisch verträglich handeln muss (JEDICKE, 1994; PLACHTER, 1991; REMMERT, 1988; BRAUN et al., 1995; ZUNDEL, 1987).

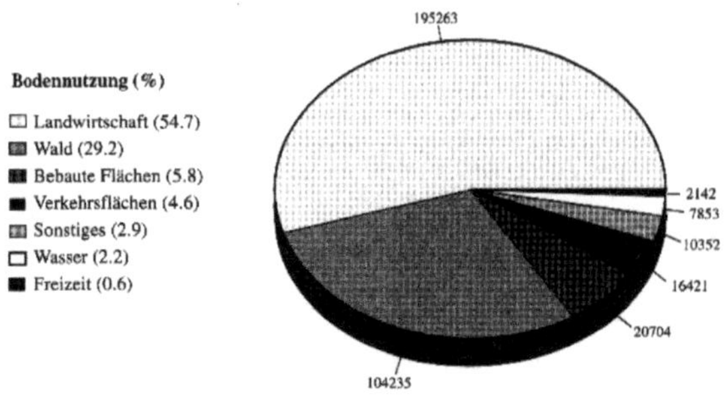

Abb. 1: Bodennutzung (BRAUN et al., 1995: S. 101)

Da die Landwirtschaft den größten Flächenverbrauch hat (Abb. 1) und auch den größten Schaden anrichtet (Tab. 1), sollten vor allem hier naturschonendere Konzepte entwickelt werden (BARTH, 1987; BRAUN et al., 1995; JEDICKE, 1993; OPPERMANN & LUICK, 1999; PLACHTER, 1991; REMMERT, 1988; RIECKEN, 1998).

Tab. 1 : Gefährdungsursachen (BONEWITZ et al., 1987: S. 111)

Vergleich der Gefährdungsursachen bedrohter Pflanzen in der Bundesrepublik Deutschland (West) zwischen 1978 und 1988		
Gefährdungsursache	Anzahl gefährdeter Pflanzenarten	
	1978	**1988**
Landwirtschaft	397	513
Tourismus	112	161
Rohstoffgewinnung	106	158
städtische, industrielle Nutzung (Gewerbe, Siedlung, Industrie)	99	155
Wasserwirtschaft	92	112
Forstwirtschaft, Jagd	84	338
Abfall- und Abwasserbeseitigung	67	71
Teichwirtschaft	79	79
Militär	32	53
Verkehr und Transport	19	71

Tabelle 1 macht deutlich, dass Naturschutz flächenübergreifend stattfinden muss, da alle Bereiche menschlicher Nutzung die Natur (in diesem Fall Pflanzen) gefährden. Außerdem muss Naturschutz auch nachhaltig sein. „Nachhaltige Nutzung der Natur bedeutet aber, dass nur die Nettoproduktion (der Überschuss) aus den Ökosystemen entnommen wird, dass irreversible

Standortveränderungen unterbleiben und alle Ökosysteme nur bis an die Grenzen ihrer systemspezifischen Kompensationsfähigkeit (Flexibilität) belastet werden.“ (PLACHTER, 1991: S. 5)

Ein wichtiger Grund für den Naturschutz ist die Erhaltung der genetischen Vielfalt (ERDMANN & FROMMBERGER, 1999), die dem Menschen in Zukunft, sofern der genetische Code voll entschlüsselt ist, von Nutze sein könnte. Der wichtigste Grund jedoch sollte die Natur selbst sein (BUCHWALD et al., 2000).

2. Biodiversität

Die Biodiversität bezieht sich nicht nur auf Artenvielfalt, sondern auch auf die genetische Vielfalt und die Lebensraumvielfalt (BLAB et al., 1995).
Im Laufe der Evolution ist es zu vielen Mutationen gekommen, die die genetische Vielfalt erst ermöglicht haben. Dieser Prozess war entscheidend für die Entwicklung des Lebens. So hat man festgestellt, dass es auf isolierten Flächen (wie auch auf Inseln) zu einer Abnahme der genetischen Vielfalt kommt (BLAB et al., 1995).
Auch für die Artendiversität ist es wichtig, dass sie sich frei und ihren natürlichen Prozessen folgend entwickeln kann, hierfür brauchen die Arten einen geeigneten Lebensraum (BLAB et al., 1995). Es muss außerdem zugelassen werden, dass Populationen die Möglichkeit haben sich mit anderen Populationen auszutauschen.
Die Lebensraumdiversität setzt eine „Abwechslung in den Strukturen und ökologischen Verhältnissen voraus. Uniformierung und Nivellierung – in welche Richtung auch immer – stehen diesem Ziel entgegen.“ (BLAB et al., 1995: S. 14). Nicht nur die natürlichen Lebensräume gilt es zu erhalten, sondern auch die Kulturlandschaften (z. B. Magerrasen, Streuobstwiesen), da sich dort eine hohe Biodiversität entwickeln konnte. Ein Schutz von natürlichen Biotopen und Kulturlandschaften fördert die Lebensraumdiversität.
Die Lebensraumdiversität bildet die Basis für eine komplexe Artenvielfalt, die wiederum eine genetische Vielfalt ermöglicht. So müssen vor allem die Land- und Forstwirtschaft, die zusammen den größten Flächenverbrauch einnehmen (Abb. 1), mindestens einen Schritt zurücktreten, damit genügend Raum für den Ablauf der natürlichen Prozesse und damit für die Evolution zur Verfügung steht. Nur so kann die Biodiversität gewährleistet werden (BLAB et al., 1995).

2.1. Artenschutz

„Alle Arten sind schutzwürdig und bedürfen demzufolge auch eines gewissen gesetzlichen Grundschutzes. Es ist weder zeitgemäß noch entspricht es den naturwissenschaftlichen Erkenntnissen, Tier- und Pflanzenarten als frei verfügbares Allgemeingut zu betrachten.“ (PLACHTER, 1991: S. 289).

Der Grund warum Artenschutz überhaupt notwenig ist, ist der Mensch. Im Laufe der Erdgeschichte ist es zwar vermehrt zu Aussterben von Arten gekommen, diese waren jedoch natürlich bedingt und die Organismen hatten genug Zeit und auch Raum, um sich wieder regenerieren zu können. Diese Situation hat sich geändert, da der Mensch sich überall ausgebreitet hat und seine Emissionen auch Bereiche erreichen, die er nicht direkt bewohnt oder nutzt (Abb. 2, rechte Seite). Auf dieser Abbildung sieht man links die natürlichen Gefährdungsfaktoren, die dazu beitragen, dass Populationen bestimmte Größen nicht langfristig überschreiten und das System aus dem Gleichgewicht bringen.

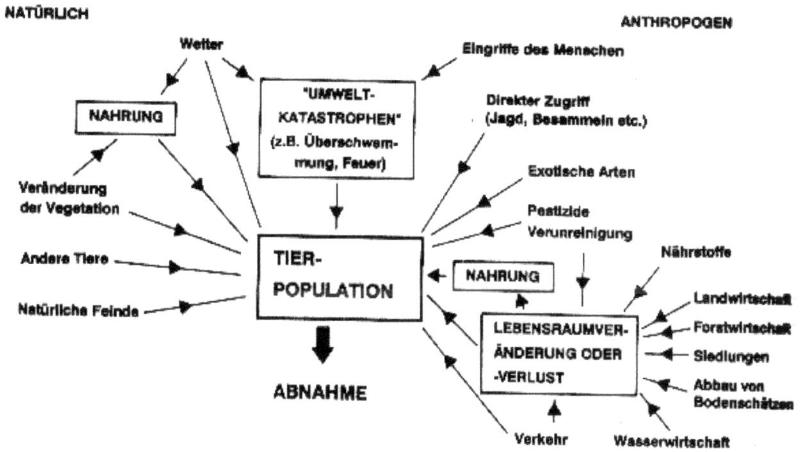

Abb. 2: Ursachen für die Gefährdung einer Art (PLACHTER, 1991. S. 268)

Sogar in Deutschland sind einige Arten ausgestorben (Tab. 2). Vermehrt wurden die Arten im Zuge der Industrialisierung (ab ca. 1850) und mit Zunahme der Intensivierung in allen Bereichen zurückgedrängt.

Tab. 2: ausgestorbene Wirbeltierarten in Deutschland (PLACHTER, 1991: S. 267, verändert)

Art	Zeitraum des Verschwindens in Deutschland
Braunbär	ca. 1835
Wolf	19.Jh.
Elch	17.-18.Jh.
Steinrötel	ca.1890
Schreiadler	ca. 1930
Schlangenadler	19.Jh.
Riesenseeschwalbe	ca.1928
Habichtskauz	vor 1930
Seggenrohrsänger	ca.1972
Stör	1.Hälfte 20.Jh.

Die Unterschutzstellung bestimmter Arten hat auch zur Folge, dass der Lebensraum der Art mitgeschützt wird und auch noch andere dort lebende Arten (REMMERT, 1988). Andersrum ist ausreichender Biotopschutz der beste Artenschutz (BRAUN et al., 1995).
Die Arbeitsmethoden des Artenschutzes sind vorrangig das Erstellen von Roten Listen. ZUDEL (1987) fordert, dass diese an Forstleute und freiwillige Helfer verteilt werden, damit sie beobachten und Alarm schlagen können, wenn eine Art seltener geworden ist oder sich auch wieder einbürgern konnte. GRUTTKE et al. (1999) bestätigen die Wirksamkeit Roter Listen, schlagen aber sinnvolle Ergänzungen vor: ökologische Ansprüche, Ausbreitungsfähigkeit, Fortpflanzungszeit, Gesamtareal der Arten. Hiermit könnte man bewerten, ob eine Art lebensraumtypisch ist oder nicht. Außerdem sollten auch die Gefährdungsursachen aufgelistet werden sowie die Fähigkeit zur Regenerierung.
Weitere Arbeitsmethoden sind die ökotechnische Methode (Nisthilfen oder Durchlässe an Straßen), Neuschaffung von Lebensräumen, Renaturierung und Ansiedlung von Arten (PLACHTER, 1991). Bei Ansiedlungen muss darauf geachtet werden, dass es sich um keine fremdländische Arten handelt. Dies könnte nämlich negative Auswirkungen mit sich bringen: Verdrängung heimischer Arten, Zerschlagung der Gemeinschaft oder Vergiftung (PLACHTER, 1991).
Die Gründe für den Artenschutz sind allgemein für den Naturschutz gültig: ästhetische Gründe wie die emotionale Bindung zur Natur, ethische Gründe wie, dass der Mensch die Verantwortung für sein Tun trägt und die Natur auch für die Kinder und Urenkel erhalten bleiben sollte, ökologisch-wissenschaftliche Gründe wie, dass einzelne Arten für das gesamte Ökosystem wichtig sind und für den Menschen, da er dann anhand bestimmter Arten, die verschwinden oder auftauchen bestimmte Veränderungen im Ökosystem deuten kann (Zeigerarten) und eine wirtschaftliche Begründung wie, dass man die genetische Vielfalt für beispielsweise die Entwicklung neuer Medikamente nutzen könnte oder als Nutztiere in Kläranlagen oder der Landwirtschaft (BUCHWALD et al., 2000; PLACHTER, 1991; REMMERT, 1988).
Letztendlich können sich die Vorschriften und Regelungen nicht immer nur auf ein bestimmtes Land beschränken und hinter der Grenze aufhören (PLACHTER, 1991; REMMERT, 1988). Wenn man von flächenübergreifendem Naturschutz spricht, so sollte dieser ganze Kontinente umfassen.

2.2. Biotopschutz

Unter Biotopschutz versteht man den „ganzheitlichen Schutz von Ökosystemen" (PLACHTER, 1991: S. 310). Der Biotopschutz hängt ganz eng mit dem Flächenschutz zusammen, da beim Flächenschutz mehrere Biotope zusammengefasst werden.

Es wurden Kartierungen von Biotopen durchgeführt, um den Gefährdungsgrad in Erfahrung zu bringen (ZUNDEL, 1987). Hauptsächlich gefährdet sind Feuchtgebiete (Hochmoore, Augewässer, das Watt), Trockenstandorte (PLACHTER, 1991) und alte Kulturlandschaften (Magerrasen, Streuobstwiesen) (REMMERT, 1988). Die Gefährdungsursachen sind sehr vielseitig (Tab. 3 und 4). Allgemein gesagt geht die größte Gefährdung von dem enormen Flächenverbrauch durch den Menschen aus. Um die Gefährdung bewerten zu können, wurden Rote Listen erstellt. Nach Riecken in BUCHWALD et al. (2000) müssen hiernach ca. 70 % der Biotoptypen Deutschlands als gefährdet eingestuft werden. So ist auch beim Schutz von Biotopen darauf zu achten, dass immer eine gewisse Pufferzone vorhanden ist und dass vor allem in landwirtschaftlich genutzten Gebieten (PLACHTER, 1991).

Um die Schutzwürdigkeit von Biotopen bewerten zu können, werden folgende Kriterien verwendet: Gefährdung nach Roten Listen, Seltenheit, Artenvielfalt, Repräsentanz und Naturnähe (BUCHWALD et al., 2000).

Tab. 3:Hauptgefährdungsursachen (BUCHWALD et al., 2000: S. 196, verändert)

Hauptgefährdungsursachen für die Biotoptypen der Binnengewässer	
prozentual	*Hauptgefährdungsursachen*
84,7	Eingriffe in den Wasserhaushalt
74,6	Gewässerausbau/-unterhaltung
66,1	Boden- und Gewässereutrophierung
57,6	Mechanische Einwirkungen
57,6	Boden-, Luft- und Gewässerverschmutzung
33,9	Vollständige Vernichtung
22	Entnahme/Besatz von Pflanzen und Tieren
13,6	Thermische Belastungen von Gewässern
3,4	Abbau und Abgrabung
1,7	Innutzungnahme
untersucht wurden 59 Biotope	

Grob zusammengefasst gibt es zwei Möglichkeiten, entweder man überlässt der Natur freien Lauf, man kann ihr auch ein wenig auf die Sprünge helfen oder es muss eine fortwährende Pflege stattfinden, dies ist meistens bei Kulturlandschaften der Fall (BUCHWALD et al., 2000).

Tab. 4: Hauptgefährdungsursachen (BUCHWALD et al., 2000: S. 197, verändert)

Hauptgefährdungsursachen für die terrestrischen Biotoptypen des Binnenlandes	
prozentual	*Hauptgefährdungsursachen*
23,6	Intensivnutzung/Nutzungsintensivierung
22,4	Boden- und Gewässereutrophierung
15,6	Eingriffe in den Wasserhaushalt
13,3	Aufgabe landwirtschaftlicher Intensivnutzung
13,6	Mechanische Einwirkungen
12,7	Eingriffe in Waldbestände
10,5	Vollständige Vernichtung
10,5	Abbau und Abgrabung
9,1	Verbiss durch Wildtiere
7,4	Eingriffe in Pflanzenbestände
7,1	Boden-, Luft- und Gewässerverschmutzung
5,1	Gewässerausbau/-unterhaltung
4,5	Innutzungnahme
2,5	Restaurierung, Versiegelung, Pflege
2,5	Entnahme/Besatz von Pflanzen und Tieren
2	Einsatz von Bioziden
1,4	Erosionsschutzmaßnahmen
untersucht wurden 353 Biotope	

Zur Wiederherstellung des ursprünglichen Gleichgewichtes ist vor allem eine große Fläche erforderlich (REMMERT, 1988). Einige Arten sind an die speziellen Sukzessionsstadien, die periodisch oder episodisch (natürliche Katastrophen wie Windbruch, Feuer, Überschwemmungen, Sturmfluten, Bergrutsche, Windbruch, Massenentwicklungen von Pflanzenfressern oder der Einsatz vom Biber) auftretenden dynamischen Prozesse angepasst und von diesen „existentiell abhängig“ (RIECKEN et al., 1998: S. 265). Zu der Dynamik eines Ökosystems zählen Flusssysteme, die sich durch Überschwemmungen und Abbrüche an Prallhängen oder Ablagerungen an Gleithängen neu gestalten können, Wälder, in denen die Mosaike von Pionierpflanzen, ausgewachsener und toter Bäume abwechseln können, Küsten, die ungehindert durch Flut und Ebbe gestaltet werden können und auch wo katastrophale Ereignisse stattfinden können (RIECKEN et al., 1998).

Die beständige Pflege von anthropogen entstandenen Offlandbiotopen ist deshalb wichtig, da sich dort Arten ansiedeln konnten und wenn man die extensiv genutzte Fläche der Brache überlässt, so kommt es zur Verbuschung und somit zur Vertreibung der Organismen, die in einigen Fällen in unserer intensiv genutzten Welt keine lebensfreundlichen Areale mehr finden (BUCHWALD et al., 2000; RIECKEN et al., 1998; PLACHTER, 1991). So sind die Gründe für den Erhalt von Kulturlandschaften der Artenschutz, Ressourcenschutz und die Schaffung von „Ausgleichsökosystemen“ (PLACHTER, 1991: S. 338). In JEDICKE (1993) werden verschiedene Nutztierrassen (z. B. Schafe) vorgestellt, die zur Pflege von Kulturlandschaften eingesetzt werden können. Die Vorteile der Haustierpflege sind die hohe Flexibilität,

Energieeinsparung, da die Tiere sich selbst bewegen können, Einsatz in steilen Lagen und außerdem können so gefährdete Rassen erhalten werden. Eine weitere Form der Biotoppflege, um z. B. nährstoffarme Magerrasen zu erhalten, ist die späte Mahd. Bei den Pflegemaßnahmen sollte beachtet werden, dass die Pflege sich immer nur auf einen Teil der Fläche bezieht, damit die Tiere eine Rückzugsmöglichkeit erhalten (PLACHTER, 1991; BRAUN et al., 1995).

Es gibt aber noch eine weitere Möglichkeit, die versucht all diese Maßnahmen so gut es geht zu verbinden, nämlich die der halboffenen Offlandbiotope (RIECKEN et al., 1998). Kennzeichnend hierfür ist, dass die Pflege sich auf ein Mindestmaß beschränkt und natürliche Prozesse zugelassen werden sollen. So entsteht im Endeffekt ein Mosaik aus Grünlandbiotopen, Gebüschen, Vorwäldern, kleineren Waldbeständen, teils sogar intensiv beweideten Bereichen unter dem Einfluss extensiver Beweidung.

Neben der Biotoppflege gibt es auch die Möglichkeit der Biotopentwicklung bzw. der Biotopneuschaffung. Hierbei ist in erster Linie darauf zu achten, dass nur Biotope geschaffen werden, die auch dem Naturraum angehören. Das neu geschaffene Biotop sollte nicht isoliert auftreten sondern in der Nähe von potentiellen Ausbreitungszentren. Diese sollen dem Arten- oder Biotopschutz dienen und regelmäßigen Kontrollen unterliegen (BUCHWALD et al., 2000; JEDICKE, 1994).

3. Flächenschutz

Dort wo strenge Naturschutzgebiete ausgewiesen sind, sollte sich die anthropogene Nutzung auf Null belaufen, das heißt aber nicht, dass dort, wo intensive Landnutzung stattfindet, keine Natur-Schutzmaßnahmen getroffen werden. Dies ist gerade aufgrund des großen Flächenanspruches der intensiven Landnutzung von Bedeutung (Abb. 3).

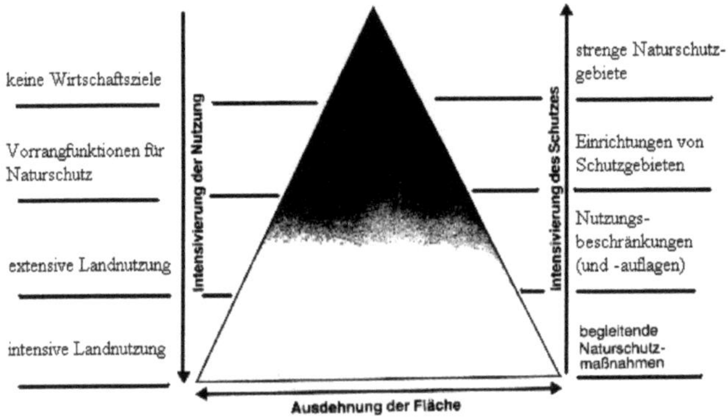

Abb. 3: Flächenanspruch des Naturschutzes (JEDICKE, 1994: S. 110)

„Nach §12 BnatSchG (Bundesnaturschutzgesetz) in der Fassung vom 21.09.1998 können Teile von Natur und Landschaft zum Naturschutzgebiet, Nationalpark, Biosphärenreservat, Landschaftsschutzgebiet, Naturpark oder Naturdenkmal oder geschützten Landschaftsbestandteil erklärt werden." (BUCHWALD et al., 2000: S. 253).

Ziele des Flächenschutzes sind: Artenschutz, Biotopschutz, Schutz dynamischer Prozesse, Schutz abiotischer Ressourcen, Schutz natürlicher oder naturnaher Landschaften, Schutz bestimmter Landschaften für den Menschen, Schutz kulturhistorischer Flächen und geologischer Objekte (z. B. Dolinen, Karsthöhlen, Aufschlüsse) (PLACHTER, 1991; PANEK, 1999). Der Flächenschutz ist das wichtigste Instrumentarium des Biotopverbundsystems (JEDICKE, 1994).

3.1. Naturschutzgebiet

Ziel von Naturschutzgebieten (NSG) soll die ganzheitliche Erhaltung der Natur sein. Die Kriterien für ein NSG sind sehr umfassend: Erhaltung wildwachsender Tier- und Pflanzenarten in ihren Biotopen, Seltenheit, besondere Eigenart oder Schönheit, wissenschaftliche, naturgeschichtliche oder landeskundliche Gründe. Die Größe soll 50 ha nicht überschreiten.
Nach Gesetzestext können die Schutzgebiete der Allgemeinheit zugänglich gemacht werden, sofern es der Schutzzweck erlaubt. Zerstörungen oder Veränderungen sind jedoch verboten (JEDICKE, 1994; BUCHWALD et al., 2000; BONEWITZ et al., 1994). Nach PANEK (1999) sind jedoch nur in wenigen NSG alle Landnutzungsformen ausgeschlossen.
Die NSG bilden mit den Nationalparken die strengste Naturschutzkategorie, leider sind die gesetzlichen Rahmenbedingungen und die Schutzziele nicht in allen Bundesländern gleich (BUCHWALD, 2000; PANEK, 1999).

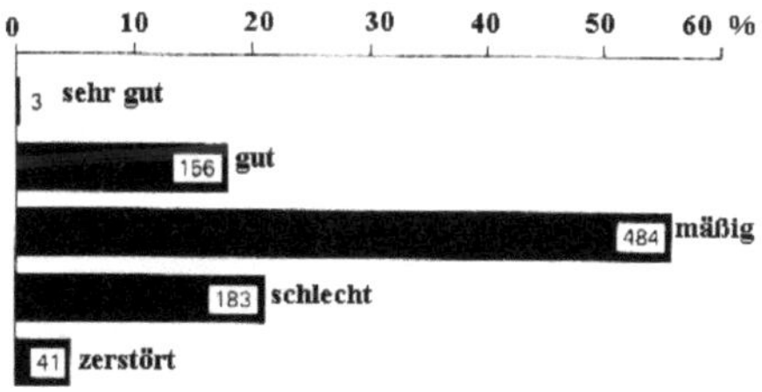

Abb. 4:Erhaltungszustand von Naturschutzgebieten (PLACHTER, 1991: S. 335)

Es werden nicht in allen Schutzgebieten die Ziele streng eingehalten. So kommt es, dass eine Untersuchung von 867 Naturschutzgebieten im Süden Deutschlands ergab, dass nur 3 davon in sehr gutem Zustand waren (Abb. 4) und 41 sogar als zerstört angesehen werden müssen. Die Hauptgefährdungsursachen gehen hier von der freizeitlichen Nutzung und von der Forstwirtschaft aus (Abb. 5).

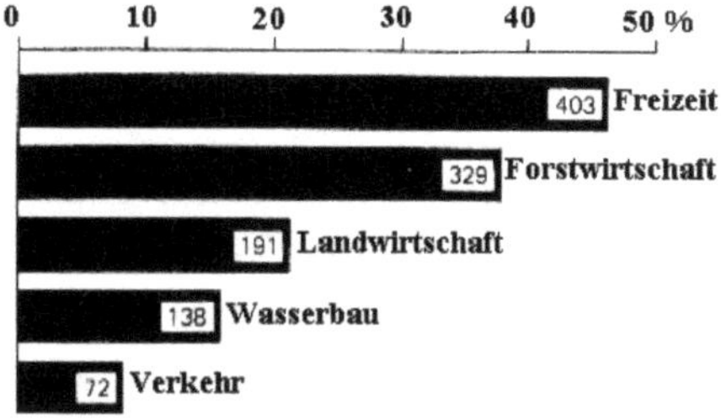

Abb. 5: Hauptgefährdungsursachen (PLACHTER, 1991: S. 335)

3.2. Nationalpark

Wesentliche Unterscheidungskriterien im Vergleich zum NSG sind die Flächengröße (mehr als 10 000 ha) und die Natürlichkeit bzw. Naturnähe sowie das Ermöglichen des Ablaufes natürlicher Prozesse, diese natürliche Entwicklung sollte auf mindestens 75 % der Fläche ausgeweitet werden (PANEK, 1999). Außerdem sollen Arten- und Biotopschutz eine besondere Gewichtung finden. Im übrigen entsprechen die Schutzbestimmungen denen des NSG (JEDICKE, 1994; BUCHWALD, 2000). Auch die Nationalparke können der Allgemeinheit zugänglich gemacht werden, sofern es das Schutzziel erlaubt.

Eingeteilt werden sollen die Nationalparke in eine Kern- und Entwicklungszone, in der die Nutzung vollkommen untersagt ist und in eine Pflege- und Erholungszone. Bei den Nationalparken fällt die Erholungsfunktion stärker ins Gewicht als bei den NSG (BONEWITZ et al., 1994).

Nach PANEK (1999) werden 50 % der Nationalparkflächen genutzt (Forstwirtschaft, Fischerei, Jagd) und das teils sogar in den Kernzonen. Die Gründe hierfür sind, dass einzelne Bundesländer sich eigene Paragraphen erarbeitet haben, dass die Einschränkungen oder Verbote von Nutzungen hinausgezögert werden und dass die Touristen zu wenig betreut und gelenkt werden. So sollten rein touristische Aktivitäten vermieden werden und Bildung sollte in den Vordergrund treten.

3.3. Biosphärenreservat

„Im Biosphärenreservat sollen – gemeinsam mit den hier lebenden und wirtschaftenden Menschen – neue Ansätze zu Schutz, Pflege und Entwicklung einer Landschaft konzipiert, erprobt und etabliert werden, um somit den Schutz des Naturhaushaltes und die Entwicklung der Landschaft als Lebens-, Wirtschafts- und Erholungsraum miteinander zu verbinden.“ (ERDMANN & FROMMBERGER, 1999: S. 33).

Die Kernzone dient dem Schutz der Naturlandschaft und muss groß genug gewählt werden, so dass eine natürliche Entwicklung gewährleistet werden kann. Die Pflegezone dient der Erhaltung von Kulturlandschaften. Beide Zonen sind als NSG oder Nationalpark geschützt. Die Entwicklungszone dient der Forschung sowie als Lebens-, Wirtschafts- und Erholungsraum für die Bevölkerung (Abb. 6) (ERDMANN & FROMMBERGER, 1999).

Ziele des Biosphärenreservates sind: Schutz des Naturhaushaltes, Erhalt der im Gebietrepräsentativen pflanzen- und tiergenetischen sowie abiotischen Ressourcen. Für die Forstwirtschaft gilt der Aufbau standortgerechter Wälder, Erhalt typischer Kulturlandschaften, Schutz und nachhaltige Nutzung mariner Ressourcen sowie limnischer Systeme, nachhaltige Landwirtschaft mit Vermarktung der Produkte, nachhaltiger Tourismus und das Arbeiten und Überwachen der Biosphärenreservate durch die dortigen Bewohner (ERDMANN & FROMMBERGER, 1999; BUCHWALD et al., 2000).

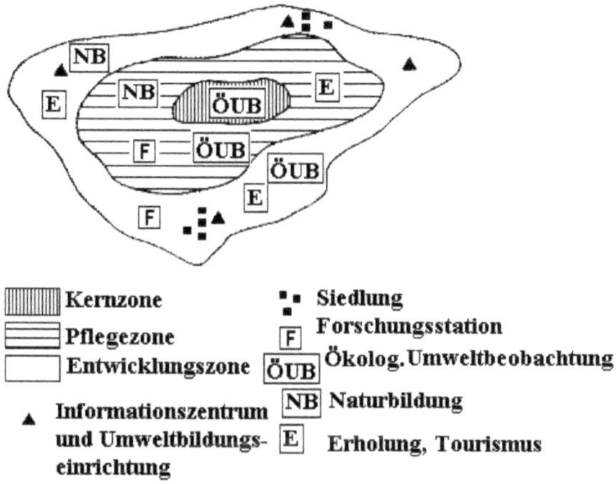

Abb. 6: Zonierung eines Biosphärenreservates (ERDMANN & FROMMBERGER, 1999: S. 12)

Kennzeichnend für Biosphärenreservate ist die Repräsentanz von unterschiedlichen Landschaftstypen (der Versuch Natur und Mensch unter einen Hut zu bringen), die Größe und die Zonierung (ERDMANN & FROMMBERGER, 1999).

Die durchschnittliche Größe sollte zwischen 30 000 und 150 000 ha liegen (ERDMANN & FROMMBERGER, 1999).

Nach ERDMANN & FROMMBERGER (1999) sind zur Zeit (01.01.1998) in Deutschland 13 Biosphärenreservate von der UNESCO anerkannt mit einer Flächengröße von über 15 447 km². Das Programm der UNESCO heißt „Der Mensch und die Biosphäre“ (BONEWITZ et al., 1994; JEDICKE, 1994).

3.4. Landschaftsschutzgebiet

Landschaftsschutzgebiete sind weniger streng geschützt als NSG, in ihnen besteht nämlich kein generelles Veränderungsverbot (BUCHWALD et al., 2000). Obwohl sie nicht bebaut werden dürfen, ist der Straßenbau erlaubt sowie auch intensive Land- und Forstwirtschaft und

natürlich auch Tourismus. Sie werden oft als Pufferzonen von NSG eingesetzt (BONEWITZ et al., 1994, BUCHWALD et al., 2000; JEDICKE, 1994).
Der Schutz von Arten, Biotopen und Ressourcen ist hier schwindend gering (PLACHTER, 1991). Die Größe beträgt im Mittel 1300 ha (JEDICKE, 1994).

3.5. Naturpark

Naturparke dienen vordergründig der Erholung und dem Tourismus, sie haben wenig mit Naturschutz zu tun, es sei denn, dass sie zusätzlich als NSG oder Landschaftsschutzgebiete ausgewiesen sind (BONEWITZ et al., 1994). Naturparke weisen keine konkreten Schutzziele auf und auch keine Verbote (BUCHWALD et al., 2000). Im Osten Deutschlands steht der Naturschutz stärker im Vordergrund (BUCHWALD et al., 2000; JEDICKE, 1994). Die Größe beträgt im Mittel 86 000 ha.

3.6. Naturdenkmal

„Naturdenkmale sind rechtsverbindlich festgesetzte Einzelschöpfungen der Natur deren besonderer Schutz aus wissenschaftlichen, naturgeschichtlichen oder landeskundlichen Gründen oder wegen ihrer Seltenheit, Eigenart oder Schönheit erforderlich ist.“ (BUCHWALD et al., 2000: S. 280).
Ein Naturdenkmal darf bis maximal 5 ha groß sein und wird wie ein NSG geschützt (BUCHWALD et al, 2000; BONEWITZ et al, 1994; JEDICKE, 1994).
Beispiele sind einzelne Bäume oder Baumgruppen, Alleen, Maare, Kleingewässer, Quellen, Wasserfälle, Dünen, Felsen, Klippen, Steine oder Höhlen (BUCHWALD et al., 2000).
Nach REMMERT (1988) ist es nicht sinnvoll punktuellen Naturdenkmalschutz vorzunehmen, wie z. B. der Schutz eines einzelnen alten Baumes, da dies nur ein befristeter Schutz ist und wenn der Baum abstirbt, dann sterben auch alle dort lebenden Organismen, ohne dass sie eine Möglichkeit haben sich woanders anzusiedeln.

4. Biotopverbundsystem

„Das Biotopverbundsystem erscheint umso notwendiger, je intensiver eine Landschaft von Menschen genutzt wird.“ (JEDICKE, 1994: S. 87).

In der vom Menschen genutzten Landschaft haben sich für die natürliche Flora und Fauna Barrieren aufgetan, die nicht immer überwindbar sind. Diese Barrieren gehen aus von der Landwirtschaft (Monokulturen, Pestizide, Dünger), Forstwirtschaft (teils auch Pestizide, fremdländische Pflanzen (Faunenverfälschung, Monokulturen)) und von den Siedlungsbereichen (Straßen, Versiegelungen) (JEDICKE, 1994). Für viele Tiere sind Wanderungen lebensnotwendig, z. B. zur Jagd, Partnersuche oder bei Pflanzen Verbreitung durch passive Drift. Wenn sie jedoch die Biotope in ihrer Umgebung nicht erreichen können oder solche gar nicht existieren, wird ihre Überlebenschance sehr gering (SCHULTE, 2000).

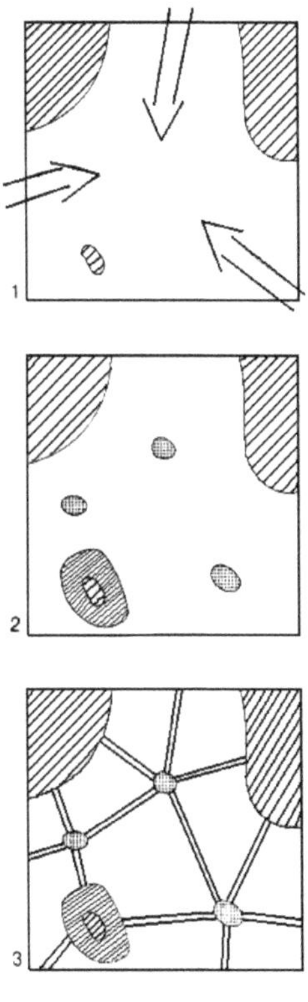

Abb. 7: Schema eines Biotopverbundsystems (JEDICKE, 1994: S. 87)

Das Konzept des Biotopverbundsystems beruht darin, gleiche Biotope (z. B. Wälder durch Hecken oder Waldinseln, Feuchtgebiete durch Gewässer) miteinander zu verbinden (BUCHWALD, 2000; JEDICKE, 1994; PLACHTER, 1991). Das Hauptziel ist also die Isolationswirkung aufzuheben und „Ausbreitungs-, Wieder- und Neubesiedlungsprozesse zu fördern" (PLACHTER, 1991: S. 344).

Abb. 7 zeigt ein Schema des Biotopverbundsystems. Bei dem oberen Bild (Nr. 1) sieht man die noch übriggebliebenen Lebensräume, die durch Pfeile, die menschliche Barrieren darstellen, von einander isoliert sind. Die mittlere Abbildung (Nr. 2) zeigt die Einrichtung von Trittsteinbiotopen, zusätzlich wurde der kleinste ursprüngliche Lebensraum durch Renaturierung vergrößert und bei der unteren Abbildung (Nr. 3) wurden sowohl die Trittsteine als auch die größeren Lebensräume durch Korridore (Hecken oder Flüsse) miteinander verbunden (JEDICKE, 1994).

Die großflächigen Lebensräume werden von Naturschutzgebieten und Nationalparks gebildet und die Trittsteine und Korridorbiotope von Naturdenkmälern. Zum Konzept gehört jedoch auch, dass die Nutzung auf ganzer Fläche extensiviert wird (BUCHWALD, 2000; JEDICKE, 1994). Im Rahmen dieses Konzeptes sollen außerdem Ökotone geschaffen werden. In der anthropogenen Landnutzung sind die Grenzen zwischen z. B. Landwirtschaft und einem See oder Wald ganz scharf, in der Natur gibt es aber immer sanfte Übergänge. Solche Ökotone sind wichtig, da sie „eine Abpufferung der unterschiedlichen Wirkungen und Faktoren gegeneinander, so etwa der klimatischen und anderen abiotischen Einflüsse" (JEDICKE, 1994: S. 108) bewirken.

Nach SCHULTE (2000) soll dieses Konzept dazu beitragen, stark gefährdete Arten und Biotope zu schützen. JEDICKE (1994) widerspricht diesem Ziel und meint, man müsse grundsätzlich alle Arten und Biotope schützen und sich nicht nur nach Roten Listen orientieren.

In einigen Untersuchungen konnte man feststellen, dass dieses Konzept positiv das Mikroklima verändert (Hecken schützen vor Wind und Sonne und reduzieren außerdem die Erosionswirkung bei Regen) und auch von einigen Vögeln, Laufkäfern sowie Fluginsekten genutzt wird. Für alternative Landwirtschaft ist es positiv, weil sich dort in Hecken o.ä. Nutzinsekten ansiedeln konnten (JEDICKE, 1994).

Leider sind noch zu wenige Arten erforscht (man weiß auch nicht, ob sie sich auf den Trittsteinbiotopen langfristig aufhalten), um mit Sicherheit sagen zu können, dass das Konzept 100 %ig funktioniert (JEDICKE, 1994; PLACHTER, 1991). „Im Vordergrund stehen häufig rein ästhetische Gesichtspunkte, etwa die Landschaft durch ein Heckennetz abwechslungsreicher zu gestalten. Damit wird ein ausgeprägt anthropozentrischer Naturschutz betrieben, während die Umweltansprüche der Tier- und Pflanzenarten – soweit bekannt –weitgehend unberücksichtigt bleiben." (JEDICKE, 1994: S. 246).

Diese Gründe zeigen, dass ein Biotopverbundsystem keine endgültige Lösung darstellt, sondern eher nur ein Übergangsstadium (BUCHWALD, 2000, JEDICKE, 1994).

5. Schutz abiotischer Ressourcen

Erst seit kurzem kümmert sich auch der Naturschutz um den Schutz der abiotischen Ressourcen Boden, Wasser und Luft, zuvor war es die Aufgabe des Umweltschutzes (JEDICKE, 1994; PLACHTER, 1991). Doch beeinflussen die Belastungen der abiotischen Ressourcen nicht nur den Menschen, sondern auch die in dem Ökosystem Erde lebenden Tiere und Pflanzen, zudem sind Boden, Luft und Wasser, wie wir sie kennen, auch die Produkte biologischer Tätigkeit (PLACHTER, 1991).

Allgemein gesagt sollte in allen Lebensbereichen und auf der ganzen Fläche eine Extensivierung erfolgen, um einen nachhaltigen Schutz zu gewährleisten (JEDICKE, 1994). PLACHTER (1991) schlägt eine neue Grenzwertsetzung vor und zwar sollen diese sich nicht nach dem Menschen orientieren, sondern an Pflanzen und Tieren, die viel empfindlicher sind als der Mensch. Es gibt eine Menge Bioindikatoren, die durch ihr Erscheinen oder Verschwinden eine enorme Überschreitung eines Grenzwertes anzeigen (REMMERT, 1988).

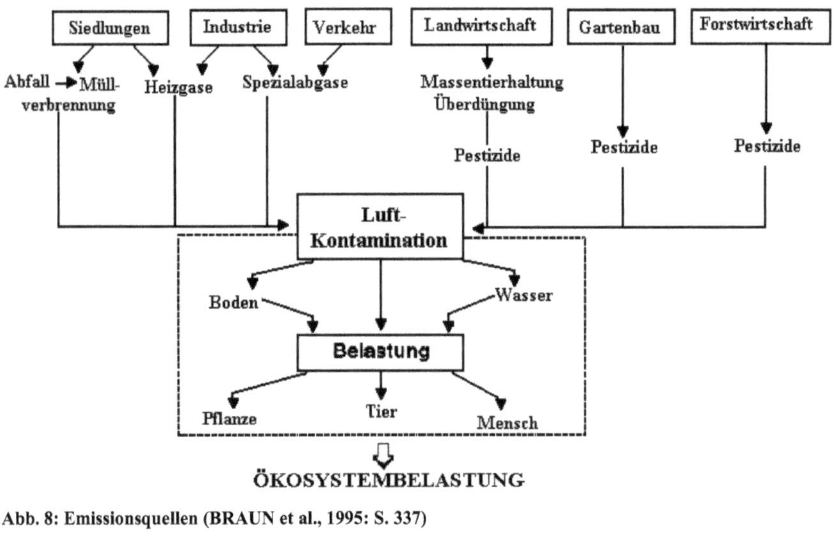

Abb. 8: Emissionsquellen (BRAUN et al., 1995: S. 337)

In Abb. 8 sind die Emissionsquellen dargestellt. Diese Abbildung soll deutlich machen, dass anthropogene Tätigkeiten eine weitreichende Wirkung haben. So werden über die Fernwirkung Luft, Boden und Wasser belastet, was schließlich zu einer Belastung all der auf der Erde lebenden Organismen führt.

Wasser kann direkt aus der Luft Schadstoffe empfangen, durch Zuflüsse oder auch als Grundwasser durch den Boden. Dies ist dann der Fall, wenn der Boden aufgrund unzureichender Bedeckung und fehlendem Edaphon keine Filterwirkung mehr aufweisen kann. Hauptbelastungsursachen beim Wasser sind: Eutrophierung aufgrund von Pestiziden, Gülle, Dünger, Salzstreuung, Abwässer und erwärmtes Kühlwasser (BRAUN et al., 1995; ERDMANN & FROMMBERGER, 1999; JEDICKE, 1993).

Bei dem Boden sind neben der aufgehobenen Filterwirkung die Erosion, Bodenversiegelung und Zerstörung des Edaphons durch Dünger, Pestizide etc. von Bedeutung. Zur Bodenversiegelung kommt es durch den Einsatz schwerer Maschinen (JEDICKE, 1993) und natürlich durch Wege- und andere Baumaßnahmen. Damit wird die natürliche Bodenentwicklung gehemmt und die Grundwasserneubildung verhindert. Durch Erosion (Wind und Wasser) geht wertvoller Boden verloren.

Einige Vorschläge zur Verminderung von Erosion: der Boden sollte nicht unbedeckt bleiben (Kulturpflanzen wählen, die sich früh entwickeln, nicht Mais), Hecken und Waldinseln tragen zum Windschutz bei und wenn sie hangparallel angelegt werden auch zum Schutz vor Wassererosion, dies gilt (im Hinblick auf die Wassererosion) auch für das hangparallele Pflügen (BRAUN et al., 1995; JEDICKE, 1993; JEDICKE, 1994; PLACHTER, 1991).

6. Ökologisch verträgliches Handeln

6.1. Ökologisch verträgliches Handeln in der Landwirtschaft

In Tab. 2 und auch in Abb. 9 kann man erkennen, dass die Landwirtschaft am meisten zur Gefährdung der Natur beigetragen hat. Dies liegt an der Arbeitsweise der heute konventionellen Landwirtschaft. Hier einige kennzeichnende Aspekte dieser Wirtschaftsform: Spezialisierung und damit Entwicklung zur Monokultur, Entwässerung, Nivellierung der Landschaft, Beseitigung von Strukturvielfalt und Biodiversität, Isolationswirkung für Flora und Fauna, Fernwirkungen der Belastungen mit künstlichem Dünger, zu großen Mengen an Gülle (Massentierhaltung) und Pestiziden, hierdurch Eutrophierung zuvor nährstoffarmer Biotope (BARTH, 1987; JEDICKE, 1993, PLACHTER, 1991).

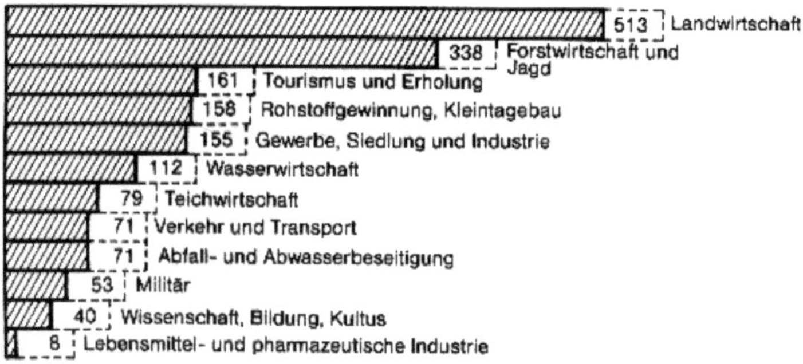

Abb. 9: Verursacher des Artenrückgangs bei Farn- und Blütenpflanzen, 711 untersuchte Arten (JEDICKE, 1993: S. 44)

So gefährdet die Landwirtschaft nicht nur die Arten (wie z. B. diverse Ackerwildkräuter) in unmittelbarer Nähe, sondern auch die Biotope mit ihren Lebewesen in weiter Entfernung (durch Isolation, Schadstoffe) zudem werden die abiotischen Faktoren wie Boden, Luft und Wasser mit Schadstoffen belastet. Besonders gefährdet sind Arten, die auf nährstoffarme, nasse oder trockene Standorte angewiesen sind (PLACHTER, 1991).

Ziele des Naturschutzes bezüglich der Landwirtschaft sind: (BRAUN et al., 1995; PLACHTER, 1991; REMMERT, 1988):

- Die landwirtschaftliche Nutzung sollte nicht in Überschwemmungsgebieten oder beispielsweise auf nährstoffarmen Gebieten erfolgen, da dort wertvolle Lebensräume verloren gehen. Um die Auswirkungen der „notwendigen" Schadstoffe zu reduzieren, sollten um empfindliche Biotope (z. B. Hochmoore, die keine Eutrophierung vertragen) Pufferzonen geschaffen werden.

- Verminderung des Dünger- und Pestizideinsatzes durch alternative Methoden. Zudem sollte flächenunabhängige Viehhaltung auf ein Minimum gebracht werden, um das Gülleproblem in den Griff zu kriegen. Hierdurch werden auch die abiotischen Ressourcen Boden, Wasser und Luft geschont.
- Der Maschineneinsatz sollte sich an der ökologischen Verträglichkeit orientieren.
- Förderung und Erhalt von artenreichen Ackerwildkräutern (z. B.: Klatschmohn, Kornblume, Hirtentäschelkraut, Ackersenf, Kamille-Arten, Rote Taubnessel, Gemeine Quecke, Ackerkratzdistel, Weißer Gänsefuß und Vögelknöterich). Nach BARTH (1987) stehen 110 Arten auf Roten Listen. Dabei bilden die Ackerwildkräuter eine Lebensgrundlage für diverse Schmetterlinge, Raupen, Käfer, Bienen und Spinnen. Vom Hirtentäschelkraut sind beispielsweise 66 Tierarten abhängig (BRAUN et al., 1995). Die Ackerwildkräuter können sich für den Landwirt als Nützlinge erweisen. Zum einen, da sie Feinde von Schädlingen beherbergen und zum anderen, weil die Ackerwildkräuter selbst oft eine bevorzugte Nahrungsquelle für einige Schädlinge darstellen. So ernähren sich pflanzenfressende Schnecken lieber vom Weißen Gänsefuß oder Vögelknöterich als von der Kulturpflanze (BRAUN et al., 1995). Zum Schutz von Ackerwildkräutern sollen Ackerrandstreifen angelegt werden, in deren Umgebung extensive Landwirtschaft stattfinden soll (JEDICKE, 1993).

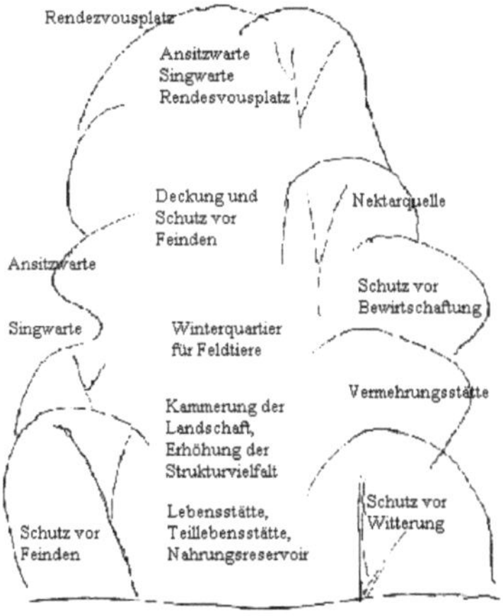

Abb. 10: Ökologische Funktionen von Hecken (BRAUN et al., 1995: S. 199, verändert)

- Struktur- und Artenvielfalt können durch das Anlegen von Hecken, Waldinseln oder kleineren Feuchtgebieten gefördert werden (BARTH, 1987; BRAUN et al., 1995; JEDICKE, 1993). Die Hecken bieten den Tieren vielfältige Funktionen (Abb. 10). Diese Gebiete können dann in das Biotopverbundsystem miteinbezogen werden. Wie zuvor beim Biotopverbund erwähnt,
- bietet die Hecke auch einen gewissen Erosionsschutz bei Regen und Wind. Ehemalige Agrarflächen sollten nur mit einheimischen Arten aufgeforstet werden und bei Flächen, auf denen sich u.a. Magerrasen, Feuchtwiesen und Hangwiesen entwickeln könnten, sollte keine Aufforstung stattfinden (JEDICKE, 1993). Weitere Möglichkeiten für nicht mehr bewirtschaftete Flächen sind: Brache und extensive Beweidung. Bei der Brache muss entschieden werden, ob die Fläche sich selbst überlassen werden soll und sich wieder ein Wald entwickeln soll oder ob man irgendein Stadium der Sukzession (1. Ackerwildkraut- und Ruderalgesellschaften, 2. Wiesenpflanzen, 3. Waldsaum- und Hochstaudengewächse, 4. Gehölzarten (BARTH, 1987)) auf einer Brachefläche erhalten will. Dazu sind dann Pflegemaßnahmen notwendig. Diese erfolgen entweder durch Mahd oder Beweidung oder als Offlandbiotope (RIECKEN et al., 1998).
- Eine sinnvolle und naturschutzorientierte Flurbereinigung. Im Zuge der für die Landwirtschaft nützlichen Flurbereinigungen wurden Flächen arrondiert und die Landschaft somit vollkommen strukturarm gestaltet. Dies ermöglichte aber erst die intensive Landwirtschaft (PLACHTER, 1991). Teils werden bei den heutigen Flurbereinigungen schon die Forderungen des Naturschutzes erfüllt, wie z.B., dass nur die sehr oft befahrenen Wege mit Beton abgedeckt werden und alle anderen Wege mit Kies oder Schotter befestigt werden oder gar nicht (JEDICKE, 1993). Weitere Forderungen bei der Durchführung von Flurbereinigungen sind: Schaffung von Strukturvielfalt, Reduzierung der intensiven Nutzung, große Schläge vermeiden, Miteinbezug in das Biotopverbundsystem, große Wegränder und Ackerrandstreifen anlegen, betonierte Wege vermeiden, Schaffung von Rest- und Ausgleichsflächen (in JEDICKE, 1993).

Es gibt einige Alternativen, um die Gefährdungsursachen zu minimieren und die Ziele zu verwirklichen: Extensivierung, integrierter Landbau und alternativer Landbau (=biologischer, ökologischer Landbau), der sich in den biologisch-dynamischen und den organisch-biologischen unterteilt.

Zur Extensivierung gehört die extensive Nutzung von Grünland. Im Gegensatz zu hochintensiver Nutzung mit 91 Arten weisen die extensiv genutzten Wiesen 680 verschiedene Blüten- und Farnpflanzenarten auf. Bei extensiver Nutzung wird nicht gedüngt oder mit Pestiziden gesprüht, die Mahd findet höchstens zwei mal im Jahr statt (wichtig für wiesenbrütende Vögel) (JEDICKE, 1993) und der Viehbesatz ist den ökologischen Verhältnissen angepasst (OPPERMANN & LUICK, 1999). Es werden auch nur Tiere eingesetzt, die traditionell dort vorkamen (JEDICKE, 1993).

Zur Extensivierung gehört auch, dass die Landwirtschaft einen Gang zurückschaltet, einige Flächen aus der Nutzung genommen werden und entweder der Brache überlassen, aufgeforstet oder gepflegt werden (OPPERMANN & LUICK, 1999).

So trägt die Extensivierung zum Arten- und Biotopschutz, zum Schutz abiotischer Ressourcen und zum Schutz dynamischer Prozesse bei. Für die natürliche Sukzession ist auch wichtig, dass an einigen Stellen Überbeweidung stattfindet, da dort wieder ein Bewuchs mit Pionierpflanzen einsetzen kann (OPPERMANN & LUICK, 1999).

Bei dem integrierten Landbau müssen die Pflanzen- und die Tierproduktion umweltfreundlich und aufeinander abgestimmt sein. Bei dem integrierten Pflanzenbau ist es wichtig auf chemische Schadstoffe zu verzichten, so werden erst bei Schädlingsbefall oder extremer Wildkräuterentwicklung (keine Präventionssprühungen) Maßnahmen zur Bekämpfung ergriffen. Die integrierte Schädlingsbekämpfung umfasst den Einsatz von Räubern, Viren, Bakterien, Parasiten, verschiedenen Lockstoffen (Pheromone), Röntgenstrahlen zur Sterilisation, Förderung von Ackerwildkräutern (siehe oben), Auswahl resistenter und standortgerechter Kulturpflanzen. Sollten diese nichts nützen und der Ertrag zurückgehen, werden erst dann Pestizide o. ä. eingesetzt (BRAUN et al., 1995; JEDICKE, 1993; PLACHTER, 1991).

Wichtige Ziele des integrierten Pflanzenbaus sind: natürliche Prozesse im Boden und die natürliche Bodenbildung fördern, Düngung mit organischem Hofdünger, nur flaches pflügen (damit die Bodenschichten nicht durcheinander gebracht werden), Erhöhung der Fruchtfolge als Schädlingsbekämpfung (bei häufigem Wechsel haben die Schädlinge keine Zeit sich massenhaft zu entwickeln), Nützlinge schonen, Erosion durch Dauerbegrünung verhindern (JEDICKE, 1993, PLACHTER, 1991).

Bei der integrierten Tierhaltung, sollte keine Massentierhaltung erfolgen, das Futter sollte nicht zugekauft werden und bei der Gülleausbringung auf die Felder sollte regelmäßig der Ammoniumgehalt überprüft werden.

Bei dem alternativen Landbau wird eine natürliche Bodenentwicklung mit einer natürlichen Humusdecke und ein gesundes Bodenleben an erste Stelle gesetzt. Diese sollen das optimale Krümelgefüge erreichen und somit die Wasserspeicherkapazität des Bodens optimieren. Zudem soll zum Schutz vor Erosion der Boden die ganze Zeit bedeckt bleiben (BONEWITZ et al., 1994; BRAUN, 1995; JEDICKE, 1993). Bei der Schädlingsbekämpfung werden genauso wenig chemische Stoffe eingesetzt. Die Schädlingsbekämpfung ist der im integrierten Landbau ähnlich.

Das Besondere bei der biologisch-dynamischen Methode ist, dass dort versucht wird, auf alle bekannten ökologischen Prozesse einzugehen und es wird nach alten Bauernregeln, die sich nach den Mondphasen richten, gewirtschaftet (JEDICKE, 1993). Bei dem organisch-biologischem Landbau standen ursprünglich nicht die ökologischen Ziele im Vordergrund wie bei dem biologisch-dynamischen, sondern „die Senkung der Produktionskosten, die Absatzsicherung durch Qualitätsverbesserung und die Möglichkeit, kleinbäuerliche Betriebe krisensicherer zu machen.“ (JEDICKE, 1993: S. 69). Dieses war nur durch die beim alternativen Landbau erwähnten Methoden möglich.

6.2. Ökologisch verträgliches Handeln in der Forstwirtschaft

Natürliche Wälder, in denen noch dynamische Prozesse (Sukzession) ablaufen können, sind in Mitteleuropa nicht mehr großflächig vorhanden, sondern nur noch in kleinen Ausschnitten (z. B. Bayerischer Wald) (PLACHTER, 1991). Der Wald stellt für viele Arten einen wichtigen Lebensraum dar, zudem werden Temperatur und Wasserhaushalt ausgeglichen, die Erosionswirkung wird verhindert, was besonders in Hanglagen zum Tragen kommt, Lärm und Wind werden minimiert (ZUNDEL, 1987). Die hohe Biodiversität war bedingt durch die, aufgrund von Sukzession, vorhandenen Mosaike von Pionierarten, ausgewachsenen und toten Bäumen (BARTH, 1987; BONEWITZ et al., 1994; ZUNDEL, 1987) und die große, zusammenhängende von Störfaktoren unbeeinflusste Fläche. Feuer, Überschwemmungen, Erdrutsche, Windwürfe gehören zu den natürlichen dynamischen Prozessen, einige Ökosysteme wie z. B. Auwälder sind von Überschwemmungen abhängig, sowie Kiefernwälder von Feuer (PLACHTER, 1991).

Der Forstwald zeichnet sich aus durch einen Altersklassenwald, d. h. es gibt große Flächen mit Bäumen desselben Alters. Diese Flächen werden dann nach Erreichen einer bestimmten Umtriebszeit großflächig kahl-geschlagen (kein Totholz, keine alten Bäume), was zu einer erhöhten Erosion führen kann. Und da diese Flächen sofort wieder aufgeforstet werden, können sich keine Pflanzen entwickeln, die der Pionierphase einer Sukzession angehören. Diese Monokulturen, die meist noch aus Nadelbäumen bestehen, wirken isolierend, da sie nur von sehr wenigen Organismen genutzt werden können (BONEWITZ et al., 1994). Es entspricht nämlich nicht der potentiellen natürlichen Vegetation, dass knapp 1/3 des Waldbestandes aus

Nadelhölzern besteht. Tab. 5 macht deutlich, dass sich das Verhältnis von Laub- und Nadelbäumen verschoben hat (PLACHTER, 1991). Prozentual gesehen, hat die Fläche der Fichte um mehr als das dreifache zugenommen, dies liegt an der im Vergleich zu anderen Bäumen geringen Umtriebszeit: Fichte 80-120 Jahre, Buche, Kiefer 120-160 Jahre und Eiche 150-300 Jahre (BARTH, 1987). Diese Nadelbäume sind extrem Windbruch gefährdet, sie werden so eng gepflanzt, dass der Boden vollkommen beschattet bleibt, da in solchen Beständen nur wenige Organismen leben können, kann die Streu auch nicht zersetzt werden, was zu einer schnellen Versauerung des Bodens führt. Als Gegenmaßnahme wird u.a. mit Kalk gedüngt. Bei Monokulturen besteht immer das gleiche Problem, dass sich Schädlinge in hohem Maße verbreiten können, da sie keine Feinde haben (geringe Biodiversität) und genügend zu fressen. So werden auch hier Pestizide angewendet (PLACHTER, 1991).

Tab. 5: Umgestaltung der Wälder (PLACHTER, 1991: S. 106)

Holzart	Zusammensetzung der ursprünglichen Wälder	Zusammensetzung der heutigen Wälder
Laubholz	66	28,5
Nadelholz	34	71,5
Buche	38	14
Eiche	20	10
Erle	2,5	2
andere Laubb.	5,5	2,5
		44
Kiefer	20	44
Fichte	7	25
Tanne	7	2,5

Ziele des Naturschutzes bezüglich der Forstwirtschaft sind (BARTH, 1987; BONEWITZ et al., 1994; BRAUN et al., 1995; JEDICKE, 1994; PLACHTER, 1991; REMMERT, 1988; ZUNDEL, 1987):

- JEDICKE (1994) sieht das vorrangige Ziel darin Forstwirtschaft und Naturschutz zu vereinigen, in dem man die Forstwirtschaft extensiviert. Es sollen aber auch Flächen zur Verfügung gestellt werde, die von keiner Nutzung beansprucht werden und sich ohne den Menschen frei und ungestört entwickeln können. Die meisten Extensivierungsmaßnahmen entsprechen den allgemeinen Zielen.
- Wälder auf Extremstandorten (trocken, feucht, nass) sind vorrangig zu schützen. Schützenswerte Biotope sollen nicht aufgeforstet werden (Biotopschutz, können in das Biotopverbundsystem miteinbezogen werden).

- Wälder, die aus früherer kultureller Nutzung hervorgegangen sind (z. B. Hutewald), sollten erhalten werden.
- Keine Monokulturen, damit soll die Isolationswirkung aufgehoben werden. Stattdessen ein dem natürlichen Aussehen angepasster Wald (kein Altersklassenwald), in dem kein Kahlschlag auf großen Flächen erfolgt, sondern auf kleineren Flächen Einzelbäume geschlagen werden. Auf den kahlen Flächen soll zudem eine Sukzession (Naturverjüngung) ablaufen können. Außerdem sollte der Holzschlag nicht in der Brutzeit der Vögel stattfinden.
- Biodiversität sollte gefördert werden. Hierzu zählt auch, dass man nur heimische Baumarten pflanzt (keine Nadelbäume mehr), strukturelle Vielfalt fördert (Erhaltung von Lichtungen, Quellen, Versumpfungszonen u. a.) sowie das Ablaufen natürlicher dynamischer Prozesse zulässt. Totholz wird genutzt von Algen, Flechten, Pilzen, Moosen, Insekten, Vögeln und Kleinsäugern (Artenschutz). Biodiversität ist auch hier wirksam, um den Schädlingsbefall zu minimieren.
- Kein Pestizid- und Düngereinsatz (Kalkungen schädigen das Edaphon).
- Zur einer Isolation führt auch der Straßenbau, dieser sollte auf ein Minimum reduziert werden.
- Die Gestaltung von Ökotonen ist im Bereich der Waldinnen- und -außenränder durchzuführen.
- Schutz von Boden, in dem vor allem in Hanglagen auf großflächigen Kahlschlag verzichtet wird sowie auf den Einsatz schwerer Maschinen, die zu einer Bodenverdichtung führen.

6.3. Ökologisch verträgliches Handeln in der Siedlungsentwicklung

Zu Siedlungen zählen sowohl Städte als auch Dörfer, wobei hier aufgrund der geringeren Bevölkerungsdichte, die Gefährdungsursachen nicht so stark zum Tragen kommen wie in der Stadt. Da die Dörfer einen relativ hohen Anteil von Naturflächen enthalten, können viele Arten dort einen geeigneten sekundären Lebensraum finden (hoher Totholzanteil, unbefestigte Wege mit breiten Seitenstreifen und abwechslungsreicher Flora und Fauna. Ungestörte, sich selbst überlassene Flächen, Streuobstwiesen, Dörfer grenzen oft an natürliche Biotope, Dachböden und Keller können auch als Lebensraum genutzt werden, sofern es erlaubt wird) (PLACHTER, 1991). Die Isolationswirkung von Städten sind aufgrund, der dort herrschenden Bedingungen viel höher (Abb. 11).

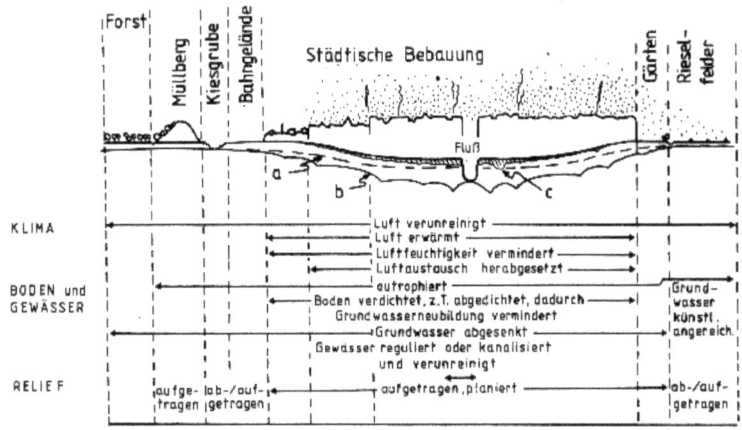

Abb. 11: Stadt mit abiotischen Größen (PLACHTER, 1991: S. 125);
a = ursprüngl. Grundwasserstand, b = abgesenkter Grundwasserstand, c = aufgetragener Boden.

Durch die von der Stadt ausgehenden Emissionen werden Luft, Boden und Wasser belastet, dies hat natürlich Auswirkungen auf die dort ansässige Natur und auch auf die Ökosysteme in der Umgebung. Weder die Land- noch die Forstwirtschaft haben in einem solch hohen Maße das Fließverhalten der Flüsse verändert und die Grundwasserneubildungsrate herabgesetzt. Flüsse wurden mit Abwassern belastet, begradigt und befestigt, so dass keine Überschwemmungen mehr möglich sein sollten, hiermit wurde die typische Flora und Fauna dieses Systems zerstört, sowie auch die Selbstreinigungsfunktion und die natürlichen dynamischen Prozesse der Flüsse herabgesetzt. Durch eine fast vollständige Versiegelung der Fläche wurde das Mikroklima verändert, Biotope zerstört und die Grundwasserneubildung in hohem Maße unterbunden. In der Stadt wurden somit vielen Tieren die Nahrungsgrundlagen, Nistmöglichkeiten und einfach ungestörte Flächen genommen (Lärm, Licht, Trittschäden sind weitere anthropogene Belastungen) (PLACHTER, 1991). Zudem herrscht eine so geringe Verbundenheit mit den, in der Umgebung naturnahen Biotopen, dass die Tiere, sofern sie sich nicht über die Luft ausbreiten konnten, diese Biotope nicht erreichen konnten. Die in einem Stadtgebiet vorhandenen naturnahen Flächen (Park, Friedhof, Alleen, brachgefallene Gärten, begrünte Häuser u.a.) müssen geschützt und in das Biotopverbundsystem aufgenommen werden (JEDICKE, 1994). Die Integration von Naturflächen in das Stadtbild hat nicht nur eine Bedeutung für den Artenschutz, Biotopschutz und das Biotopverbundsystem, sondern auch für die Gesundheit und das Wohlbefinden des Menschen (es wird hier jedoch nicht weiter darauf eingegangen, da es ein Thema des Umweltschutzes darstellt).

Als Sekundärlebensräume haben sich nicht mehr genutzte Kulturflächen als erfolgreich erwiesen, wie z. B. verlassene Bahnhöfe und alte Kiesgruben (REMMERT, 1988). Hier konnten sich artenreiche Ruderalgesellschaften (das sind Wildkräuter, die auf Ödland vorkommen, z. B.: Brennnessel, Rainfarn, Acker-Kratzdistel, Gänsefuß, Beifuß und strahllose Kamille (BARTH, 1987)) entwickeln, die auch eine Faunagesellschaft mit nach sich zogen. Vorteil dieser Kulturflächen ist, dass sie nicht genutzt und gestört werden.

Allgemeine Ziele des Naturschutzes bezüglich der Stadtentwicklung sind (BRAUN et al., 1995; PLACHTER, 1991; REMMERT, 1988):

- Für den Artenschutz ist von Bedeutung die restlichen naturnahen Flächen zu erhalten, zu pflegen, zu fördern und auch in das Konzept des Biotopverbundsystems mit einzubeziehen. Wichtig ist, dass keine fremdländischen Arten geduldet werden, da sie für die meisten Tiere keinen Nutzen aufweisen. Aus einem Projekt, das in Stuttgart durchgeführt wurde, konnte nachgewiesen werden, dass umgestaltetes Straßenbegleitgrün aus zuvor blühenden fremden Arten in heimische Wildkräuter positiv auf Schmetterlinge und Tagfalter wirkt. Viele nutzten nun diese Randstreifen als Nahrungsquelle und einige sogar als Nistplatz. Einigen Menschen waren diese Randstreifen, zu „unordentlich", so dass sie diese wieder mit exotischen Arten bepflanzten (SCHWENNINGER & WOLF-SCHWENNINGER, 1998).
- Auch hier gilt Extensivierung auf ganzer Fläche, so kann die Isolationswirkung von Städten herabgesetzt werden und es trägt auch zum Schutz abiotischer Ressourcen bei.
- Versiegelung soll nicht über die ganze Fläche verteilt sein, man kann auch andere Materialien verwenden, die wasserdurchlässig sind und sogar Pflanzenwachstum erlauben. Um die Verkehrsflächen zu minimieren, sollte der öffentliche Verkehr gefördert werden.
- Vielen bepflanzten Flächen würde es gut tun, wenn sie aus der Pflege rausgenommen würden und man sie der Natur überlassen würde, so könnten heimische Pflanzen sich wieder ansiedeln.
- Altbaumbestände sollten geschützt werden (Denkmalschutz).
- Eindeichung und Wehre (einige Arten schwimmen stromaufwärts, um zu laichen o. a.) sollten wieder entfernt werden (Auenbildung), was in der Stadt aus Platzgründen oft problematisch werden würde.

- Verlassene Kulturflächen, auf denen sich die Natur frei entwickeln konnte, sollten erhalten werden.
- Aufklärung der Bevölkerung.

6.4. Ökologisch verträgliches Handeln in der Verkehrsentwicklung

Die Belastungsaspekte, die vom Verkehr ausgehen sind: Störungen von Flora und Fauna durch Flächenverbrauch, Zerschneidung von Lebensräumen (sogar von Nationalparken), Isolationswirkungen, Lärm, Tötung von Tieren und die Emission von Schadstoffen, was sich auch negativ auf die abiotischen Faktoren auswirkt (STEIOF, 1996).

Abb. 12: Kleintiertunnel in den Niederlanden (KRÜGER, 2000: S. 418)

Zu der Lebensraumzerschneidung zählen nicht nur Autostraßen, sondern auch Schienenwege und Gräben sowie Wasserstraßen. In den Niederlanden wurde in den 70er Jahren ein Projekt zur Entschneidung von Lebensräumen gestartet (KRÜGER, 2000). 1971 wurde der erste Dachstunnel (Abb. 12) gebaut, nachdem man feststellte, dass die Dachspopulation durch Verkehrsunfälle drastisch abgenommen hatte.

Abb. 13: Grünstraße in den Niederlanden (KRÜGER, 2000: S. 419)

Die Tunnel wurden auch von anderen Tieren genutzt: Marder, Füchse und Kleinnagern.
Zur Zeit gibt es in den Niederlanden 250 solcher Tunnel. Es wurden außerdem Grünbrücken (Abb. 13) gebaut, die bevorzugt von Rothirsch und anderem Wild genutzt werden. Weitere Möglichkeiten zur Lebensraumentschneidung sind: Umbau von existierenden, nicht oft genutzten Wege-über- und Unterführungen (mit Sicht- und Lärmblenden), Baumbrücken (an der Straße stehende Baumkronen werden mit Drahtseilen o. ä. miteinander verbunden und ermöglichen Eichhörnchen und Baummardern die Überquerung) und Wild-Signalsysteme (optische Sensoren können die Tiere registrieren und die Autofahrer sehen eine Warntafel aufleuchten), die in der Schweiz und in Norwegen erfolgreich eingesetzt werden (KRÜGER, 2000).
In Deutschland besteht das Problem, dass es kein Gesamtkonzept gibt, um diese Maßnahmen zu verwirklichen. Sie werden meist nur im Zusammenhang mit neuen Bauprojekten ausgeführt. Naturschützer befürchten, dass Maßnahmen zur Lebensraumentschneidung als Vorwand genutzt werden, um neue Bauprojekte verwirklichen zu können (KRÜGER, 2000).
Um die Landschaft an Straßen interessanter zu gestalten, werden oft Hecken, Gebüsche, Röhrichte an den Straßenrändern gepflanzt. Bei STEIOF (1996) wird jedoch gezeigt, dass niedrige Hecken vor allem für Vögel tückisch sein können. Wenn sie sich nämlich in den Hecken aufhalten, können sie den Verkehr nicht überblicken und wenn sie dann losfliegen, dann ist es so niedrig, dass sie mit den Autos kollidieren. Betroffen sind auch Eulen- und Greifvögel, die in der Nähe von Autobahnen Mäuse jagen, die sich in den Randstreifen aufhalten. „Es wird ersichtlich, dass mit straßenverkehrsbedingten Verlusten von vielen Millionen Vögeln pro Jahr in Deutschland gerechnet werden muss." (STEIOF, 1996: S. 528).
Allgemeine Ziele des Naturschutzes bezüglich des Verkehrs sind:

- Besser ist, wenn bereits existierende Straßen ausgebaut werden und nicht neue Straßen hinzukommen (PLACHTER, 1991).
- Wenn doch neue Straßen gebaut werden müssen, dann sollen sie keine Biotope zerschneiden oder zerstören (PLACHTER, 1991).
- Durch Straßen voneinander isolierte Biotope sollen in das Entschneidungsprogramm einbezogen werden, dass in einem Gesamtkonzept festgesetzt werden muss (KRÜGER, 2000).
- Nicht genutzte Straßen und solche, die durch wertvolle Biotope verlaufen, sollen entweder herausgenommen werden oder als Schotterwege und durchlässige Pflasterungen ersetzt werden (KRÜGER, 2000; PLACHTER, 1991; STEIOF, 1996).
- Im Winter sollten keine Auftausalze mehr verwendet werden (PLACHTER, 1991).

- An den Straßenrändern sollten keine reich strukturierten Lebensräume angelegt werden (dies gilt nicht für hohe Bäume oder Alleen), da sich dort mehr Tiere ansiedeln, die der Gefahr des Überfahrens ausgesetzt sind (STEIOF, 1996), es sei denn diese Lebensräume werden durch Zäune o. ä. abgegrenzt.
- Förderung öffentlicher Verkehrsmittel sowie Ausbau der Fußgänger- und Radwege (viele Städte wurden im Zuge des Autobooms aus der Windschutzscheibenperspektive gebaut).
- Förderung neuer Technologien zur Entwicklung abgasfreier Autos, z. B. Wasserstoffautos, Elektroautos.

6.5. Ökologisch verträgliches Handeln in der Rohstoffgewinnung

„Gesichtspunkte des Naturschutzes müssen bereits bei der Planung neuer Abbaugebiete umfassend Berücksichtigung finden. Dies gilt insbesondere hinsichtlich Standortwahl, Flächengröße, Abbaubetrieb und Folgenutzung." (PLACHTER, 1991: S. 146).

Abb. 14: Wirkungskomplex der Rohstoffgewinnung (BRAUN et al., 1995: S. 137)

Rohstoffgewinnung findet über- und unterirdisch statt. Beide Verfahren führen zu einer Landschaftsänderung. In einem unterirdischen Abbaugebiet wird das Gebiet zumeist entwässert, was auch zu einer Grundwasserabsenkung in der Umgebung führt. Bei beträchtlichem z. B. Kohleabbau kann es zu Senkungen des Gebietes kommen (BRAUN et al., 1995). Verheerend ist der Torfabbau, da nur noch 2 % der natürlichen Moore in West-Deutschland naturnah erhalten sind. Das meiste wird für Blumenerde und auch Heilbäder verwendet (BONEWITZ et al., 1994). Beim Abbau von Lockersedimenten (Kies, Sand, Schluff, Ton) und Festgesteinen wird die gesamte Bodendecke mitsamt aller Lebewesen abgetragen, also zerstört. Einige Abbaugebiete reichen bis unter den Grundwasserspiegel, so dass sich dort bei Aufgabe der Nutzung Seen bilden können.

Es kommen auch noch andere Belastungen hinzu, die in Abb. 14 dargestellt sind.

Ziele des Naturschutzes bezüglich der Rohstoffgewinnung sind (BONEWITZ et al., 1994; BRAUN et al., 1995; PLACHTER, 1991):

- Neue Abbaugebiete sollten nicht auf wertvollen Biotopen angelegt werden oder auch nicht in der Nähe von Feuchtbiotopen (Grundwasserabsenkung).
- Die Abbaugebiete sollten eine Mindestgröße nicht überschreiten, da solche aufgrund der Strukturarmut wieder schwer zu besiedeln sind. Es können auch mehrere kleinere nebeneinander vorkommen, die dann verbunden werden können.
- Die meisten aus der Nutzung genommenen Abbaugebiete werden nicht dem Naturschutz zur Verfügung gestellt, sondern dem Tourismus oder allgemein der Rekultivierung. Dies ist aus der Sicht des Naturschutzes nicht zu befürworten, da diese Gebiete nivelliert und oft auch aufgeforstet werden, was zur Strukturarmut führt, und der Flora und Fauna potentielle Sekundärbiotope entzogen werden.
- Viele der ehemaligen Abbaugebiete stellen nährstoffarme Standorte dar. Und da es von diesen in Deutschland aufgrund der Eutrophierung nur noch sehr wenige gibt, sind sie für einige Arten wertvolle Rückzugsgebiete.
- Die verlassenen Abbaugebiete sollten in das Konzept des Biotopverbundsystems miteinbezogen werden, damit Arten diese besiedeln können (z. B.: Steinbrüche mit Felsen und Magerrasen vernetzen).
- In der Folgenutzung, ist es das beste, wenn weder eine Nivellierung noch eine Rekultivierung stattfindet. Die Gebiete sollen in Ruhe gelassen werden, so dass eine natürliche Sukzession eingeleitet werden kann. In Einzelfällen kann auch mit Anpflanzungen geholfen werden. Hier einige Beispiele der Sekundärbiotope: Sandgruben gleichen Fließgewässern in Sandgebieten, Steinbrüche gleichen Felsen, Kies- und Tongruben gleichen Überschwemmungsgebieten, Baggerseen gleichen Altwässern, Seen, Teichen und die bewaldeten Uferzonen der Baggerseen gleichen Auwäldern.

Nach Meinung von BONEWITZ et al. (1994) sollte der Naturschutz „seine allzu positive Bewertung der Realität anpassen, zumal die Kleinindustrie diese zunehmend als Argument für einen weitern intensiven Abbau verwendet.“ (S. 84 ebenda).

6.6. Ökologisch verträgliches Handeln in der Jagd und Fischerei

„Im Vordergrund steht (...) die Nutzbarkeit von Teilen der Natur durch den Einzelnen. Hierin unterscheidet sich Jagd und Fischerei grundsätzlich vom Naturschutz, dessen Ziel es ist, die Nutzbarkeit der Natur für die Gesellschaft als Ganzes zu sichern.“ (PLACHTER, 1991: S. 169).

Bei der Jagd stellt die Wilddichte ein großes Problem dar. Hier einige Gründe wie es dazu kommen konnte: Es wurden die bestandsregulierenden Faktoren ausgeschaltet, zum einen wurden natürliche Feinde (Wolf, Luchs, Bär) ausgerottet, Krankheiten durch Vitamine, Kraftfutter verhindert und zum anderen findet im Winter eine Fütterung statt (BARTH, 1987; BONEWITZ et al., 1994; PLACHTER, 1991). Als einen weiteren Punkt kann man das unökologische Verhalten der Jäger anführen: Trophäenkult, hierfür war das Leittier interessant, welches jedoch auch auf die Population regulierend wirkt und es wurden Tiere (hier handelt es sich jedoch um Fasane) zur Jagd ausgesetzt, was zur Faunenverfälschung und Nahrungskonkurrenz führt (BARTH, 1987; BONEWITZ et al., 1994; PLACHTER, 1991).

Die Jäger stören durch ihre Jagd auch die Tiere, die sie nicht jagen durch das Schießen, die Hunde und bei empfindlichen Arten reicht schon die Anwesenheit des Jägers aus, um es zu Vertreiben (BUCHWALD, 2000; PLACHTER, 1991).

Fischer verursachen nachweislich (PLACHTER, 1991) starke Störungen an den Populationen von Wasservögeln. Diese werden durch den permanenten Aufenthalt des Anglers z.B. davon abgehalten in das Nest zurückzukehren. Besonders zur Brutzeit kann das aufgrund von Erfrieren oder Überhitzen der Eier und Prädatoren oder Verhungern zum Tod der Jungen führen (BARTH, 1987; BONEWITZ et al., 1994; BUCHWALD, 2000; PLACHTER, 1991). Auch beim Angeln werden bestimmte Arten gefördert (Zufütterung, Konkurrenten werden bekämpft und es werden gezielt bestimmte Arten gefangen), weil sie einen höheren wirtschaftlichen Gewinn erbringen. Zudem werden in einigen Seen Fische hineingesetzt. Damit wird das Ökosystem aus dem Gleichgewicht gebracht (PLACHTER, 1991). Jagd und auch Fischerei sind in geschützten Gebieten nicht verboten.

Ziele des Naturschutzes bezüglich der Jagd und Fischerei sind (BARTH, 1987; BONEWITZ et al., 1994; BUCHWALD et al., 2000; PLACHTER, 1991) :

- Verbot von Fischerei und Jagd in geschützten Gebieten.
- Prädatoren sollten nicht bekämpft werden.
- Die Schalenwildbestände sollten auf eine ökologisch verträgliche Größe gebracht werden, damit eine Naturverjüngung ermöglicht werden kann. Hierfür sollte die Jagd nach ökologischen Prinzipien (Seminare für Jäger) durchgeführt werden.
- Faunenverfälschende Arten sollten weder bei der Jagd noch bei der Fischerei ausgesetzt werden.
- Extensive Teichwirtschaft (Strukturelle Vielfalt, keine Eutrophierung, natürliche Entwicklung).

6.7. Ökologisch verträgliches Handeln im Tourismus

Der Naturschutz befindet sich in einem Konflikt, wenn es um den Tourismus in der Natur geht. Einerseits möchte man nicht, dass sich die Menschen noch weiter von der Natur entfernen und von ihr entfremden (man kann nur das schützen, was man kennt und auch zu wertschätzen gelernt hat) und andererseits führen Massenströme zu starken Belastungen am Ökosystem (PLACHTER, 1991).

„Um den Erfordernissen der modernen Freizeitnutzung gerecht zu werden, nehmen die Ansprüche an die freie Natur ständig zu.“ (BONEWITZ et al., 1994: S. 131). So werden Gebiete, die Massen anziehen, mit einer Infrastruktur ausgestattet sowie oft auch mit sportlichen Einrichtungen (BUCHWALD, 2000; PLACHTER, 1991). Für empfindliche Arten bedeutet schon die Anwesenheit des Menschen eine Belastung (siehe Jagd und Fischerei). Weitere Schadwirkungen: Trittschäden, Vegetationsschäden (auch durch z. B. „Raritätensammler“), Abfälle (Eutrophierung, Vergiftung, Verletzung, Stoffwechselstörungen), Lärm, Aufenthalt am oder im Wasser stört das dortige Ökosystem (durch baden, segeln, surfen, Motorboote etc.), einige sportliche Tätigkeiten fördern die Erosionswirkung und führen in einigen Gebieten zur Bodenverdichtung (BARTH, 1987; BONEWITZ et al., 1994; PLACHTER,1991). Ein Beispiel hierfür ist der Skisport. Mit der Einrichtung eines Skigebietes wird die ganze Landschaft verändert sowie die dort lebenden Arten zum großen Teil vertrieben. Mit den Veränderungen der Landschaft (Einebnungen, Aufschüttungen) wird das Gebiet instabil und neigt zur Erosion. Ein weiteres Problem ist, dass die meisten Abfahrten und Loipen sowie Wanderwege (Sommertourismus) durch wertvolle Biotope führen und die Natur dort schädigen (DIETMANN et al., 1999).

Ziele des Naturschutzes bezüglich des Tourismus sind (BARTH, 1987; BONEWITZ, 1994; PLACHTER, 1991):

- Tourismus sollte sich nach der ökologischen Tragfähigkeit eines Naturraums orientieren. So sollten einige Gebiete aus der Freizeitnutzung herausgenommen werden.
- Grundsätzlich sollte in störungsempfindlichen Gebieten, die nicht aus der Nutzung herausgenommen werden, eine Besucherlenkung stattfinden (mit Führern oder Informationstafeln und durch optische Reize). Einige Tiere können nur aus der Entfernung beobachtet werden, so ist die Einrichtung von Aussichtsplattformen zu empfehlen.
- Sportliche Aktivitäten sollten auf wenige Zentren reduziert werden.
- Belastungen, die von Einzelpersonen ausgehen und gegen Gesetze verstoßen, sollten eingehender verfolgt und bestraft werden.
- In den Natur-Tourismuszentren sollte eine Bildung der Besucher erfolgen.
- Eine Alternative zum konventionellen Tourismus ist der sanfte Tourismus. Charakteristisch hierfür: besondere infrastrukturelle Einrichtungen sind nicht notwendig, Besucher informieren sich eingehend über das Gebiet (einschließlich Ökologie) und verhalten sich dann auch dementsprechend.

7. Aufklärung der Bevölkerung

Die Menschen müssen der Natur wieder nähergebracht werden. Obwohl sie zur Natur gehören, haben sie sich von ihr entfernt und sogar aus diesem Kreislauf herausgestellt, auch der Begriff „Umweltschutz" zeigt die Distanz. Das Verhalten der Menschen ist es, dass die Natur nachteilig beeinträchtigen oder aber auch schützen kann. Hierfür ist es notwendig, dass man weiß, was man schützen will (Arten- und Biotopkenntnis) und wie die Ökosysteme funktionieren.

Es ist sinnvoll in Naturschutzgebieten, Nationalparks, Biosphärenreservaten, Landschaftsschutzgebieten und Naturparks Informationszentren einzurichten. Nach BERGSTEDT (2000) ist es sogar bedeutsam in allen Regionen Naturschutzstationen einzurichten, in denen die Menschen sich einerseits informieren und bilden können und andererseits an der Gestaltung ihrer Landschaft mitbestimmen können. Die Einwohner eines Naturgebietes kennen und lieben ihre Landschaft und sind bereit naturfreundlich zu wirtschaften, wenn sie wissen, was nachteilig für die Natur ist und wie sie es besser machen können.

Das Bundesamt für Naturschutz (BRÄMER, 1998) stellt die Einführung von „Naturerlebnisgebieten" zur Diskussion. Ziele dieser Naturerlebnisgebiete sollen sein: „Vermittlung naturräumlicher Fakten und ökologischer Zusammenhänge", „Sensibilisierung hinsichtlich sinnlicher Wahrnehmung" und „Funktion der Landschaft als Erlebnis- und Erholungsraum" (S. 48). Anders als in NSG soll es hier keine Eingrenzungen mittels Lehrpfaden geben, sondern freie Bewegung. „Während Schutzgebiete primär die Natur vor dem Menschen schützen sollen, geht es bei Naturerlebnisgebieten umgekehrt um das Hereinlocken des Menschen in die Natur" (BRÄMER, 1998: S. 49). Kinder könnten hier erleben, was früher überall möglich war (Pflanzen pflücken, Bäche aufstauen etc.). Diese Gebiete sollten aber auch nicht mit Straßen, Motorrädern und anderen sportlichen Geräten strapaziert werden. Hier sollte einfach nur die Natur pur zu erleben sein. Nach Meinung des Verfassers könnte das Einrichten solcher Naturerlebnisgebiete zu einer verstärkten Trennung von Mensch und Natur führen. Damit wäre es nämlich möglich, den Menschen aus anderen Gebieten fernzuhalten und ihn auf diese Erlebnisparks zu konzentrieren. So sei es zwar sinnvoll kleinflächige Naturerlebnisparks, vor allem in der Nähe von Ballungszentren, einzurichten, auf großflächige Naturerlebnisparks könnte jedoch verzichtet werden.. Nach seinen eigenen Umfragen, würden mehr junge Leute gerne wandern, als die Medien es darstellen. Und zudem seien Wanderer die besten Naturschützer. „Denn die unmittelbare Konfrontation der äußeren mit eigenen Natur aktiviert eine Reihe von (nur scheinbar verschütteten) Fähigkeiten naturgemäßen Verhaltens." (ebenda: S. 50).

8. Forschung

Forschung ist auch ein wichtiges Ziel des Naturschutzes. Wie schon beim Biotopverbundsystem erwähnt, sind viele ökologische Zusammenhänge noch nicht ganz geklärt und auch nicht alle Arten in ihrem Verhalten erforscht.

Bei Populationen hat man festgestellt, dass sie mehrjährigen Zyklen folgen, so muss eine Langzeitforschung stattfinden, um solche Zyklen überhaupt zu erkennen. Hierzu sind großflächige Untersuchungsgebiete (NSG etc.) nötig, in denen Forschung betrieben werden kann (REMMERT, 1988).

Hier eine Auswahl der noch offenen Fragen (JEDICKE, 1994):

- Kann man die Inseltheorie auf Biotopinseln übertragen?
- In welchen Zeiträumen und wie im Detail läuft die Mosaik-Zyklus-Theorie ab?
- Wie groß sind die Mindestgrößen für bestimmte Ökosysteme?
- Wie überwinden Pflanzen und Tiere große Distanzen und welche Distanzen sind für welche Arten unüberwindbar?
- Wie stark wirkt die anthropogene Isolation auf welche Arten?

9. Schluss

Die Naturschutzziele in allen menschlichen Lebensbereichen werfen die Frage auf, ob es überhaupt möglich ist, diese Ziele zu verwirklichen. Das wohl größte Problem ist, dass man nicht unendlich viel Raum zur Verfügung hat und würde man die Landwirtschaft nur noch extensiv betreiben, so erforderte dies viel mehr Platz (besonders für die Viehzucht) und weltweit sei es sowieso nicht realisierbar. Zudem könnten die höheren Preise die eigene Wirtschaft kaputt machen, da dann aus dem Ausland importiert werden würde. Eine Lösung dieses Problems könnte die anhaltende Zahlung der Subventionen an die Landwirte sein, so dass die Produkte dann zu niedrigeren Preisen verkauft werden könnten. Einige Ziele sind leicht realisierbar wie z. B. das Entschneidungsprojekt, das in den Niederlanden auch schon erfolgreich durchgeführt wurde, doch so was wie die Entfernung von Deichen, damit die natürliche Dynamik eines Flusses ermöglicht wird, grenzt in unserer Zeit beinahe an Unmöglichkeit. Viele Ufer sind bebaut und stellen zudem für u. a. die Gastronomie einen wichtigen Standort dar, fördern also die Attraktivität einer Stadt für Touristen. Auewiesen wären sicherlich auch reizvoll, aber hier würde der Naturschutz sich wieder weniger Besucher wünschen.

Nach Meinung von REICHHOLF (2000) ist die Annahme, die Menschen verursachen starke Störungen eines Ökosystems durch bloße Anwesenheit eine Übertreibung, sowie auch die oft beklagte Isolationswirkung von Städten. In Berlin würden etwa zwei Drittel aller Vogelarten brüten, die bei uns als Vogelbrutarten vorkommen. Nur könnten die Naturschützer oft schwer akzeptieren, dass auch eine Stadt genügend strukturelle Vielfalt aufweist, um so viele Vögel zu beherbergen. Andererseits könnte man argumentieren, dass das ein Indikator für die Verarmung der Lebensraumvielfalt in der Umgebung sei. An diesem Punkt sieht man, dass die Fachwelt es einfach nicht genau weiß und wie JEDICKE (1994) schrieb, dass der Naturschutz zu anthropozentrisch betrieben wird. Folglich muss noch viel Forschungsarbeit geleistet werden (JEDICKE, 1994; REMMERT, 1988).

Durch die oft radikale Vorgehensweise des Naturschutzes, stößt der Naturschutz bei der Bevölkerung häufig auf Ablehnung. Mit Verboten und der Ausgrenzung von Menschen aus einigen Gebieten erreicht er das Gegenteil von dem, was er eigentlich bezwecken möchte: der Mensch soll an die Natur herangeführt werden und sie wieder schätzen lernen.

Andererseits müssen die Deutschen (dies gilt sicherlich auch für andere Länder) noch viel an ihrer Einstellung zur Natur arbeiten. Flächen, die nicht ordentlich zurecht geschnitten sind und auf denen die Blütenpflanzen nicht in Reih und Glied wachsen, gelten gleich als „unordentlich". Man darf nicht einmal seinen eigenen Garten verwildern lassen, in einigen Kleingartengebieten werden darauf Strafen erhoben oder man wird der Parzelle einfach entledigt, wenn die Natur nicht in ihre Schranken gewiesen wird, wie von den Kleingartenvereinen vorgeschrieben. Es ist wichtig die Menschen aufzuklären, dass die Begriffe „unordentlich“ und „Unkraut“ in der Natur nicht existieren. Man muss einen sanften Weg finden, um die Menschen zu erreichen und ihr verqueres Bild wieder ins rechte Licht zu rücken. So muss damit schon früh in der Schule begonnen werden und zwar nicht erst in der Oberstufe. Es sollten schon in der Grundschule Naturausflüge stattfinden mit reichlich Informationen und der Animation der Kinder zum Fühlen, Hören und auch Schmecken.

Bei den Erwachsenen wird es schon schwieriger, sie überhaupt zu erreichen. Denn was in wissenschaftlichen Fachzeitschriften steht und in Naturreportagen gezeigt wird, interessiert meist nur die Leute, die sich sowieso schon damit beschäftigen. Die breite Masse bleibt unberührt.

...und letztendlich gehört der Mensch doch zur Natur.

Literaturverzeichnis

Barth, W.-E. (1987): Praktischer Umwelt- und Naturschutz: Anregungen für Jäger und Forstleute, Landwirte, Städte- und Wasserbauer sowie alle anderen, die helfen wollen. Hamburg, Berlin: Paul Parey Verlag. 310 S.

Bergstedt, Jörg (2000): Umweltschutz von unten: Naturschutz und Flächennutzung. www.opentheory.org/naturschutz/v0001.phtml. 17.02.2002.

Blab, Josef; Klein, Manfred; Ssymank, Axel (1995): Biodiversität und ihre Bedeutung in der Naturschutzarbeit. Natur und Landschaft 70: 11-18.

Bonewitz, M. (Hrsg.) (1994): Kampfplatz Naturschutz. Köln: vgs Verlagsgesellschaft. 167 S.

Brämer, R. (1998): Landschaft zu Fuß erleben, brauchen wir gesondert ausgewiesene Naturerlebnisgebiete? In: Natur und Landschaft 73: S. 47-54.

Braun, Eckart; Buchwald, Konrad; Steubing, Lore (Hrsg.) (1995): Natur- und Umweltschutz: Ökologische Grundlagen, Methoden, Umsetzung. Jena, Stuttgart: Gustav Fischer Verlag. 498 S.

Buchwald, Konrad; Engelhardt, Wolfgang (Hrsg.) (2000): Umweltschutz – Grundlagen und Praxis. Heidelberg: Economica Verlag. 424 S.

Dietmann, Thomas; Kohler, Ulrich; Lutz, Gernot; Glänzer, Ulrich (1999): Skipistenuntersuchung Bayern – eine Zwischenbilanz. Natur und Landschaft 74: 58-64.

Erdmann, K.-H.; Frommberger, J. (1999): Neue Naturschutzkonzepte für Mensch und Umwelt. Biosphärenreservate in Deutschland. Berlin: Springer Verlag. 176 S.

Gruttke, Horst; Ludwig, Gerhard; Binot-Hafke, Margret; Riecken, Uwe (1999): Perspektiven bundesweiter Roter Listen – Ergebnisse eines Symposiums des Bundesamtes für Naturschutz. Natur und Landschaft 74: 281-284.

Jedicke, E. (1993): Praktische Landschaftspflege: Grundlagen und Maßnahmen. Stuttgart: Ulmer Verlag. 280 S.

Jedicke, E. (1994): Biotopverbund: Grundlagen und Maßnahmen einer neuen Naturschutzstrategie. Stuttgart: Ulmer Verlag. 287 S.

Krüger, U. (2000): Die großräumige und systematische Aufhebung von Lebensraumzerschneidungen- eine realisierte Forderung des Naturschutzes? In: Natur und Landschaft 75: S. 417-425.

Oppermann, Reiner; Luick, Rainer (1999): Extensive Beweidung und Naturschutz. Charakterisierung einer dynamischen und naturverträglichen Landnutzung. Natur und Landschaft 74: S. 411-419.

Panek, N. (1999): Nationalpark – Zukunft in Deutschland – einige kritische Anmerkungen und Thesen. In: Natur und Landschaft 74: S. 266-272.

Plachter, H. (1991): Naturschutz. Heidelberg: Spektrum Akademischer Verlag. 500 S.

Reichholf, Josef (2000): Ist der Uhu irre? Der Spiegel Nr.29: S. 160-163.

Remmert, H. (1988): Naturschutz. Berlin, Heidelberg, New York, London, Paris, Tokyo: Springer Verlag. 202 S.

Riecken, Uwe; Finck, Peter; Klein, Manfred; Schröder, Eckhard (1998): Überlegungen zu alternativen Konzepten des Naturschutzes für den Erhalt und die Entwicklung von Offlandbiotopen. Natur und Landschaft 73: 261-269.

Schulte, R. (2000): Anforderungen an ein Konzept zum nationalen Biotopverbund. Ergebnisse eines Seminars vom 02.10. bis 03.10.2000. www.nabu-akademie.de/berichte/00_bvs.htm. 19.02.2002.

Schwenninger, Hans Richard; Wolf-Schwenninger, Karin (1998): Naturschutzorientierte Umgestaltung von Straßenbegleitgrün. Neuer Lebensraum für Wildbienen und Tagfalter in der Großstadt? Natur und Landschaft 73: 386-392.

Steiof, K. (1996): Verkehrsbegleitendes Grün als Todesfalle für Vögel. In: Natur und Landschaft 71: S. 527-523.

Zundel, R. (1987): Naturschutz und Landschaftspflege. Band 3. München, Wien, Zürich: BLV Verlagsgesellschaft. 125 S.